AF355648

PRODIGES ET MERVEILLES

DE

L'ESPRIT HUMAIN

SOUS L'INFLUENCE MAGNÉTIQUE.

TABLE DES CHAPITRES.

CONSULTATIONS SOMNAMBULIQUES,

Tous les jours, de 11 à 5 heures, les dimanches exceptés, la SIBYLLE MODERNE donne à son domicile, rue de Seine n° 16, à Paris, des consultations verbales ou écrites. On peut traiter par correspondance, en lui écrivant FRANCO. Voir pour les objets sur lesquels on peut l'interroger, pages 20, 21, 24 et 25 de cette brochure.

Imprimerie de Cosson, rue du Four-Saint-Germain, 47.

PRODIGES ET MERVEILLES

DE

L'ESPRIT HUMAIN

SOUS

L'INFLUENCE MAGNÉTIQUE.

Vérité du Magnétisme, dégagée de toute exagération ; son influence sur nos facultés, sur nos sens, sur nos organes matériels. — Ce que c'est que le Somnambulisme ; comment il exalte et développe l'intelligence, la sensibilité, la faculté intuitive. — La Sibylle moderne ; particularités sur cette somnambule exceptionnelle ; preuves nombreuses d'une lucidité prodigieuse. — Le Somnambulisme devant les grands et puissants du jour ; attestations, documents et pièces authentiques. — L'avenir révélé par les songes ; vision relative à la marche du choléra. — Curieuses prophéties politiques, concernant plusieurs contrées de l'Europe, etc., etc., etc.

PAR L. P. MONGRUEL.

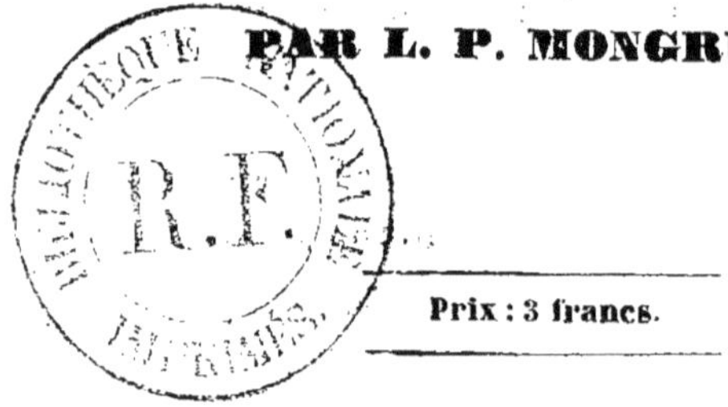

Prix : 3 francs.

A PARIS,

CHEZ L'AUTEUR, RUE DE SEINE, 16,

ET CHEZ TOUS LES LIBRAIRES DE LA FRANCE ET DE L'ÉTRANGER.

MARS 1849.

AU LECTEUR.

Quelle que soit votre défiance pour tout ce qui tient du merveilleux, Lecteur, parcourez, sans rien préjuger d'avance, ces pages qui contiennent la narration de véritables prodiges; et si votre raison se refuse à croire aux faits qu'elles relatent, venez vous-mêmes les vérifier, c'est le plus sûr moyen de vous former une conviction éclairée. Venez, nous serons heureux de vous prouver une vérité incontestable, en ouvrant vos yeux à la lumière.

L. P. Mongruel.

[illegible]

[illegible]

[illegible]

PRODIGES ET MERVEILLES

DE L'ESPRIT HUMAIN,

SOUS L'INFLUENCE MAGNÉTIQUE.

CHAPITRE I.

Le magnétisme est une vérité.

Le magnétisme animal et le somnambulisme sont définitivement jugés par les hommes qui se sont donné la peine de les étudier, et désormais l'opposition intéressée ou systématique de ceux que l'erreur ou une aveugle passion en a constamment éloignés, tournera à la honte des corps savants qui les auront soutenus dans leurs trompeuses et mensongères dénégations.

Nier la réalité et les effets du fluide ou agent magnétique, quelle qu'en soit la nature, c'est méconnaître l'existence de la lumière et de la vie; car le doute n'est plus permis en présence des faits nombreux qui s'accomplissent chaque jour, dans le silence il est vrai, mais qu'enregistrent religieusement les adeptes de la science, mus par l'unique désir de faire triompher la vérité.

Oui, le magnétisme est une VÉRITÉ inouïe, profonde, sublime, qui nous conduira infailliblement à la connaissance de la vraie philosophie et des principaux mystères de la vie. Et si déjà quelques hommes éminents par leurs lumières se sont rendus à l'évidence, ce n'est que le présage des nombreuses conversions que préparent en ce moment les progrès rapides de cette science élevée. C'est qu'en effet elle mérite de fixer toute l'attention des hommes éclairés qui lui ont jusqu'alors refusé leur examen, malgré le grand intérêt qu'ils avaient à la bien connaître, ou peut-être même à cause de cet intérêt.

Là découverte de la vapeur, de l'électricité, du galvanisme, etc., ont totalement changé la face du monde industriel par leurs heureuses applications au commerce et aux arts ; le magnétisme, à son tour, est appelé à faire une prochaine et complète révolution dans le monde moral et intellectuel. Déjà il a soulevé quelques parties du voile qui cache à nos organes les grandeurs de la nature, et chaque instant nous apporte de nouvelles révélations, qui augmentent notre vénération contemplative pour le Dieu qui préside à la marche générale de l'Univers !

Nous n'essaierons point d'accumuler ici les preuves de l'influence magnétique sur nos organes et sur nos sens. Ce serait un travail complètement inutile ; d'abord parce qu'il existe plusieurs ouvrages qui la démontrent d'une manière positive et en quelque sorte superflue, parce qu'aujourd'hui elle n'est plus guère contestée ; ensuite, parce que, dans le cours de cette petite brochure, nous sommes forcé, en parlant du somnambulisme, de rapporter nombre d'exemples, de faits et d'attestations, qui prouvent à la fois la puissance magnétique sur l'organisme humain et l'existence du phénomène essentiel qu'elle développe. Ce serait par conséquent nous obliger à des répétitions sans intérêt pour le lecteur.

Ce n'est point, d'ailleurs, un traité sur le magnétisme que nous écrivons ; on en a déjà trop écrit, selon nous, et surtout trop légèrement. Nous renvoyons donc aux différents Manuels existants, ceux qui veulent en étudier la pratique. Nous supposons les personnes qui nous lisent initiées aux premiers mystères, et en partie familiarisées avec les effets psychologiques, ou au moins physiologiques du magnétisme.

Ce sont les premiers, avec leurs admirables résultats, dont nous nous occuperons particulière-ment dans le cours de cet écrit.

Dans notre admiration pour les prodiges du somnambulisme lucide, nous voudrions répandre les hautes leçons qu'il enseigne, faire assister la société tout entière aux phénomènes qu'il produit sous l'ascendant secret de la volonté humaine, et révéler au monde entier la nature et la mission de cette Essence toute divine, qui vient animer l'homme, l'éclairer et le diriger dans l'accomplisse-ment de sa mission terrestre.

C'est dans ce but, et par amour pour les idées nouvelles qu'il développe, que nous nous sommes fait l'apôtre du magnétisme.

Nous sommes heureux de pouvoir annoncer que, dans le but de seconder nos efforts, des sujets distingués, dont la lucidité extraordinaire et les facultés diverses sont faites pour aider à la propa-gation et au progrès de la science, nous ont assuré leur concours, chacun dans la limite particulière de sa spécialité et de ses moyens.

Nous plaçons en première ligne la somnambule qui, sous le titre de Sibylle moderne, s'est acquis la brillante renommée qui la placera si haut dans l'histoire du somnambulisme lucide.

Avec de tels éléments de conviction, et fort que nous sommes de notre expérience, nous ne demandons, aux personnes de bonne foi, qu'une ou deux séances pour convaincre les plus incrédules soit de l'influence occulte de l'agent magnétique, soit du développement et de la réalité d'un état particulier, qu'on est convenu d'appeler *somnambulisme*, et pendant lequel des personnes, douées d'ailleurs de facultés spéciales, deviennent capables de choses extraordinaires, auxquelles elles sont impropres à l'état normal.

Nous pouvons faire assister les consultants à des expériences de catalepsie et d'insensibilité, à des exercices de lucidité et de vue à distance, à des phénomènes de transmission de pensée et de ressentiment par contact, etc., enfin à toutes les expériences magnétiques qui n'ont été offertes, jusqu'à présent, que partiellement et isolément; car nous avons dû, malgré notre aversion pour tout ce qui n'est pas du *magnétisme pur*, réunir tous les genres d'exercices qu'on est accoutumé de voir en pareil cas. L'un des effets les plus attrayants qu'on puisse voir est sans contredit l'extase harmonique, bien digne de figurer dans un salon où se réunit la bonne compagnie. Les facultés étranges dont jouit la SIBYLLE, dans cet état d'exaltation nerveuse, sont faites pour causer l'admiration et pour confondre l'esprit des personnes peu familiarisées avec ces effets si prodigieux, qu'il est impossible de s'en faire une idée exacte sans les voir.—Complètement isolée de tout ce qui l'entoure, insensible même à l'action de son magnétiseur, elle est, durant cet état particulier, entièrement subjuguée par la puissance de l'harmonie, sous l'influence de laquelle son corps courbe et fléchit comme l'arbuste au souffle des vents.

Il y a dans tous ses mouvements, dans toutes ses poses, tant d'aisance et de grâce; sa physionomie s'illumine de reflets si suaves et s'empreint de sentiments si vifs, que le poète, le musicien, l'artiste, s'inspirent à ces élans de l'âme des pensées les plus élevées, les plus sublimes !.... Mais il faut voir, car il n'y a point d'expressions pour peindre ces effets vraiment magnifiques,

Afin de pouvoir, dans une même séance, faire jouir *notre* public du spectacle varié des principaux phénomènes qui se produisent sous l'influence magnétique, nous avons organisé, pour le mardi de chaque semaine, des **Soirées magnétiques**, auxquelles concourent plusieurs somnambules renommés. Ces soirées, ouvertes à la demande souvent réitérée de nos bienveillants et gracieux visiteurs, sont, en quelque sorte, des réunions intimes, où s'est donné rendez-vous l'élite de la société française et étrangère, sous les auspices de laquelle elles ont pris naissance, uniquement pour répondre à leurs désirs et pour satisfaire aux demandes qui en ont été faites sous toutes les formes.

Toutefois, les diverses expériences qui ont lieu dans ces réunions conservent un caractère de généralité dont on ne peut ni ne doit les faire sortir en aucune façon, ni sous aucun prétexte. En même temps qu'elles seraient inconvenantes si elles devaient avoir pour résultat de faire assister les spectateurs à la révélation d'un scandale ou d'un secret de famille, elles perdraient, pour tout le monde, une grande partie de leur intérêt, du mo-

ment où on les ferait servir à la conviction d'un
seul individu ou d'une seule famille.

Assurément les soirées de magnétisme et de
somnambulisme fournissent, aux incrédules de
bonne foi, de nombreux éléments de conviction,
alors même qu'elles sont données comme spécimen
de la science et comme objet de récréation tout à
la fois. Et cependant, nous le déclarons ici hautement, et avec une parfaite connaissance de cause,
elles ont formé autant d'incrédules endurcis qu'elles ont produit de croyants. Souvent même des personnes qui s'y rendaient avec une demi-foi en sont
sorties beaucoup moins convaincues qu'auparavant.

Les raisons en sont nombreuses : dans certains
cas, ce sont des magnétiseurs peu exercés, qui,
voulant produire des effets au-dessus de leur force,
étalent dans des réunions particulières le spectacle
de leur impuissance ; dans d'autres, ce sont des
hommes indélicats, qui, sans pudeur et sans respect pour la science divine qu'ils dégradent, ne
craignent pas d'y associer secrètement de véritables
tours d'escamotage, dont on devine bientôt la ma
ladresse et la supercherie ; dans d'autres cas enfin,

ce sont des magnétiseurs enthousiastes et de bonne foi, qui se laissent tromper et séduire par de fausses somnambules, dont la prétendue lucidité devient incapable devant les obstacles qu'elle n'a pas prévus et qu'elle ne s'est point habituée à tourner.

A ces causes, malheureusement trop fréquentes et qui ne tiennent pas du somnambulisme, il faut ajouter les suivantes, qui sont beaucoup plus sérieuses et plus difficiles à vaincre. Il arrive souvent que, dans une atmosphère limitée, les émanations diverses qui s'exhalent par les pores, qui viennent de la respiration, ou qui sont dues à la chaleur du corps, s'ajoutant à la fixité du regard fascinateur de quelques individus et aux efforts de volonté que quelques autres opposent parfois à la réussite, exercent sur le sujet une influence nuisible et diminuent réellement sa lucidité. Le Sujet alors se trouve saturé d'un mélange de fluides qui ont pour résultat, en glissant sur ses nerfs, d'y occasionner une perturbation sensible par une suite de chocs consécutifs, et de le placer sous la dépendance d'impressions diverses éminemment défavorables. Puis, il arrive aussi que, dans un cercle nombreux, les expériences qui réussissent le mieux inspirent aux

incrédules de mauvaise foi, par le fait même de
leur étrangeté, des soupçons d'entente et de supercherie qu'ils exagèrent à dessein et qu'ils s'ef-
forcent de répandre autour d'eux.

Il est nécessaire de savoir apprécier toutes ces
causes pour juger sainement les expériences d'une
soirée magnétique.

D'après cet exposé, et quand nous expliquons si
clairement que le somnambule, dans une réunion
nombreuse, est placé dans les conditions de succès
les moins favorables, on comprendrait difficilement
dans quel but nous avons organisé nos **Soirées
scientifiques et amusantes de magnétisme
et de somnambulisme**, si nous n'avions pris
soin de l'exposer précédemment.

Avec une parfaite connaissance des difficultés
qui s'opposent au succès des séances publiques,
nous avons fait tous nos efforts pour éviter les
écueils contre lesquels sont venus se briser nos
prédécesseurs ; et, en même temps que nous nous
assurions le concours du meilleur *Sujet à expériences* qui ait été applaudi à Paris, à Londres et

dans les autres capitales de l'Europe, nous pre-
nions les dispositions nécessaires pour donner à
nos **Soirées** une physionomie toujours nouvelle
par la variété et la nouveauté des exercices. Elles
seront toujours, quoi qu'il advienne, autant et plus
concluantes que toutes les séances publiques qui
ont été données jusqu'alors.

CHAPITRE II.

La Sibylle moderne.

Mais, c'est dans le tête-à-tête avec la SIBYLLE MO-
DERNE, quand une étroite sympathie la rapproche
du consultant et l'identifie complètement avec lui,
alors que rien ne peut trahir le secret du cabinet,
qu'il faut aller chercher les preuves les plus con-
vaincantes, les plus irréfragables des admirables
résultats du somnambulisme lucide, dans l'étude
des maladies, comme dans l'examen des relations
sociales et des faits appartenant à la vie intime.

Dans les consultations médicales, elle *diagnosti-que*; c'est-à-dire elle caractérise si parfaitement la maladie; elle décrit si clairement, si complètement les souffrances, les sensations, l'état général du malade, qu'on est forcé de croire qu'elle voit à travers l'organisme humain, comme à travers un corps diaphane et transparent. Le contact d'un être souffrant exalte sa sensibilité à tel point que par un effet sympathique, profond mystère des harmonies de la nature, elle ressent toutes les douleurs qu'il éprouve, et signale même quelquefois des symptômes existants qu'il n'a point encore observés. Et comme si cette inexplicable faculté du ressentiment par contact n'était point un assez grand prodige, la Nature l'a douée d'une puissance d'extension telle, qu'à des distances considérables elle peut entrer en *rapport magnétique* avec une personne qui lui est complètement inconnue, et, de loin comme de près, ressentir et indiquer les symptômes de sa maladie.

Nous sommes tenté de citer, à l'appui de cette assertion, un fait tout récent. C'était le 13 mars 1849, à 10 heures du soir, au milieu d'une séance publique à laquelle assistaient des hommes éminents dans la médecine, la littérature, les sciences et les arts. — Un prêtre, sous l'habit ecclésiastique, remet aux mains de LA SIBYLLE une lettre qu'il a reçue de Belgique, et la prie de lui parler de la personne qui la lui a écrite, et d'entrer dans quelques détails à son égard.

Après s'être recueillie quelques secondes, sans être aidée ni dirigée en aucune façon, disons même, car c'est la vérité, après avoir refusé l'offre qu'on lui fait de la mettre sur la voie, elle s'empresse d'indiquer l'esprit, le sens, le fond et le motif principal de la lettre; puis elle entre dans les détails les plus minutieux sur le signalement de son auteur, sur ses sentiments, sur son caractère et sur sa moralité. A chaque indication qu'elle donne, l'ecclésiastique, qui l'écoute et la suit, en fait connaître la véracité à l'auditoire par un signe de tête affirmatif.

Mais aussitôt qu'elle veut s'occuper de la santé de cette personne et qu'elle s'applique la lettre sur l'épigastre, elle est prise d'une toux sèche et fréquente qui ne lui laisse plus le temps de parler. Cette irritation, survenue tout à coup, qui paraît si grande et si tenace, ne s'explique pour personne, quand enfin le prêtre, comprenant l'effet sympathique qui s'exerce à distance, déclare hautement que l'auteur de la lettre tousse absolument comme la somnambule. Bref, il confirme de point en point tout ce qu'elle en a dit, se déclarant convaincu par cette seule épreuve.

Ce fait n'est point isolé, puisqu'il se reproduit chaque jour. Nous pourrions donc en citer maint autre qui, comme celui que nous empruntons à cette soirée, aurait prouvé l'extrême lucidité de LA SIBYLLE; mais si nous choisissons celui-ci préférablement, c'est à cause du caractère sacré de la personne qui l'a provoqué.

Et maintenant, si le lecteur pouvait avoir des doutes sur la fidélité de notre narration, nous pourrions lui indiquer le nom et l'adresse du saint homme qui cherchait, lui aussi, à former sa conviction par cette expérience, et nous pourrions même y joindre les noms et adresses de deux médecins et de plusieurs personnes recommandables qui ont été témoins oculaires et auriculaires en cette circonstance.

Ce fait que nous venons de citer prouve qu'une lettre, une mèche de cheveux envoyée dans une lettre, un fragment de vêtement porté par le malade, un ruban ayant été passé autour de son cou, un morceau de papier blanc froissé entre ses mains, qu'un rien quelquefois suffit pour établir ce rapport, et pour qu'elle puisse ainsi donner, A DISTANCE ET PAR CORRESPONDANCE, tous les détails qu'elle aurait donnés en touchant la main du malade, soit sur sa santé, soit sur ses affaires, etc.

Aux personnes qui douteront de cette puissance incroyable, nous dirons encore : venez lire notre correspondance, nous jouons cartes sur table et nous sommes incapable d'un indigne mensonge; plus de 100 lettres de la province et de l'étranger sont là , qui font foi de la précision avec laquelle elle a vu de loin, ou senti, si mieux aimez, les personnes qui se sont adressées à elle. Il arrivera certainement que cette brochure tombera entre les mains de personnes qui sont venues consulter la SIBYLLE, puisqu'un exemplaire leur en est offert à titre de souvenir. Si donc ce petit écrit n'était qu'un tissu d'impostures, nous recevrions bientôt le juste châtiment de notre audace. Mais nous sommes si

certain de la bienveillance que leur a généralement inspirée la lucidité de notre *Sujet*, que la
lecture de cet opuscule nous vaudra, nous en
sommes bien convaincu, de nouveaux témoignages
d'estime et d'affection pour la SIBYLLE, parce qu'il
nous suffirait de faire un appel à la vérité pour que
justice fût rendue à ses éminentes facultés par l'attestation de personnes de la plus haute distinc-
tion et du mérite le plus incontesté.

Sans doute des assertions de cette nature paraî-
tront hardies, téméraires, fabuleuses. Elles sont
vraies pourtant et dégagées de toute exagération.
Ici les faits parlent plus haut que toute espèce de
raisonnement à l'usage des incrédules et des esprits
forts. Contre l'éloquence des faits il n'y a pas de
débat possible : l'esprit se perd, le jugement se
confond, mais la raison s'incline.

Pour en finir enfin avec les incrédules endurcis,
systématiques ou intéressés, nous leur dirons,
une dernière fois pour toutes, que nous sommes
prêt à accepter, dans des conditions convenables,
tout examen franc et loyal, et que nous leur por-
tons hautement le défi formel de nous convaincre
ici d'imposture, ou seulement d'exagération.

Qu'ils viennent, dégagés de toutes préventions, avec le seul désir de connaître la vérité sur l'effet du ressentiment, et ils constateront, comme l'ont fait des médecins distingués de Paris, de la province et de l'étranger, son tact particulier pour apprécier l'état du sang, son aptitude remarquable à distinguer, même dans les cas les plus difficiles, où la science ne peut prononcer, la guérison radicale de celle qui n'est qu'incomplète et après laquelle il peut se développer des accidents consécutifs.

Les nombreuses preuves qu'elle a données de sa prescience médicale, en traitant avec le plus grand succès des cas désespérés de maladies réputées incurables, ont suffisamment démontré que le somnambulisme peut encore rendre d'importants services à l'humanité, alors que la science médicale a fait, par son abandon, comprendre son impuissance.

Saisissant, durant l'état de crise magnétique, les rapports qui existent entre les songes du sommeil naturel et les faits de la vie matérielle, elle explique de la manière la plus rationnelle, la plus probable et la plus satisfaisante, les rêves, visions et apparitions, comme le faisaient à Delphes, Memphis, Alexandrie, etc. , les Pythonisses, les Sibylles , les Prophètes de l'antiquité. Tant de preuves nous ont été données de la justesse de ses prévisions, et nous sommes si fortement convaincu que la Providence révèle aux hommes l'avenir par des songes, que nous nous proposons de publier prochainement sous le titre, *l'Avenir révélé par les songes*, une série d'observations, de révélations et de prédictions tirées des rêves expliqués par la SIBYLLE, et qui, pour la plupart, ont déjà reçu leur consécration. — C'est enfin à cette faculté particulière qu'elle doit la révélation anticipée des graves événements qui se sont accomplis en France depuis février 1848, et de ceux qui doivent étonner l'Europe en 1849 et en 1850.

Sa lucidité peu sympathique aux expériences oiseuses de pure curiosité, que pour sa part elle rejette comme inutiles et dégradantes pour la science, affectionne au contraire l'étude des maladies tant *morales* que *physiques*, les recherches utiles, les questions sociales et philosophiques, les explorations lointaines, et excelle dans l'art incompréhensible de pénétrer les sentiments les plus intimes, les arcanes les plus secrets du cœur, de l'esprit et de la conscience! Il n'est nulle intrigue, nulle affection, nul sentiment, qui puisse, *une fois les rapports magnétiques bien établis*, échapper à sa pénétration. — Sans éducation spéciale, elle est capable de traiter et de résoudre les difficiles problèmes de haute philosophie religieuse et sociale.

Pour la plupart des somnambules, et la SYBILLE est de ce nombre, il est deux choses, purement relatives, dont l'appréciation exacte est d'une grande difficulté : ce sont le *temps* et les *distances*. Ils saisissent, pour ainsi dire, avec la même facilité et la même promptitude les faits **Présents** et ceux qui s'accomplissent à de **Grandes distances d'époques et de lieux!**... Le passé et l'avenir, ils les rapportent aisément au présent, puisque, dans le même moment, ils se portent en avant ou en arrière avec la même facilité apparente.

Chose inouie! qui, dans l'état actuel de nos connaissances, bouleverse nos idées, et confond notre imagination (tout en fournissant la meilleure preuve de l'immortalité de l'âme), il nous est démontré de la manière la plus positive que, dans certaines conditions de rapports magnétiques, un Esprit peut communiquer avec un autre quelle que soit l'immensité qui les sépare, et même après la mort!!!

Tous les phénomènes, disons plus, tous les mystères, toutes les merveilles que nous annonçons sont RIGOUREUSEMENT VRAIS... Il peut dépendre d'une cause naturelle ou inconnue que la production n'en soit ni constante, ni certaine *à heure fixe*; que les mauvaises dispositions, l'antipathie, l'incrédulité outrée, le scepticisme, l'intention soutenue d'une personne mise en rapport avec la somnambule, réagissent sur son organisme éminemment sensitif et impressionnable, et paralysent momentanément ses facultés; mais le prodige existe et peut être répété en quelque sorte indéfiniment.

Les mêmes sujets ne peuvent réunir au suprême degré toutes les facultés que développe l'état d'excitation ou d'exaltation nerveuse appelé *somnambulisme*. Celui-ci semble mieux distinguer les matières purement physiques, celui-là saisit plus aisément les corps animés; cet autre sent davantage la pensée ou les facultés morales et intellectuelles, etc.

Mais chacun possède une aptitude particulière,
qui lui donne, pour ainsi dire, un cachet spécial,
une lucidité qui lui est propre, et cette réunion
de spécialités n'en constitue pas moins un ensem-
ble de facultés étranges, inouïes, véritablement
prodigieuses, dont il n'est plus permis, dans l'état
actuel de notre civilisation et de nos lumières, d'i-
gnorer l'existence et les effets. Aujourd'hui que nos
artistes, nos poètes, nos littérateurs, nos journa-
listes, nos prélats, nos financiers et nos hommes
d'État commencent à confesser sans rougir leur
croyance au magnétisme, et leur pratique de cette
science, il est indispensable de se former une conviction éclairée, profonde, sur ces mystères sublimes.

Or, pour arriver sûrement à la vérité, il ne faut
pas, nous ne saurions trop le répéter, se borner
à voir des séances publiques où chacun se défie
de son voisin et le soupçonne d'être un compère.
Ces séances sont utiles, parce qu'on y voit des
expériences qui frappent les yeux; mais il faut
entrer dans le cabinet somnambulique après avoir
pris toutes précautions pour n'être pas connu,
et là, appeler l'attention du *crisiaque*, comme on

disait autrefois, sur les secrets de la vie privée dont on est bien certain de connaître seul au monde toutes les particularités. C'est alors qu'on est forcé de se rendre à l'évidence, s'il se passe des faits dont l'homme le plus habile et le plus instruit soit incapable ; si des jets d'une vision pénétrante permettent de voir et de décrire les personnes à de grandes distance, physiquement et moralement ; si les sentiments les plus intimes sont ressentis ou devinés ; si le caractère réel est minutieusement décrit ; si des intentions cachées sont découvertes et mises à nu, etc., etc.

Quant à la SIBYLLE MODERNE, les questions sur lesquelles on peut appeler son attention sont si nombreuses et si variées, que l'énumération en est impossible. Non-seulement elle peut lever des doutes sur les faits accomplis et en révéler d'autres, quelquefois très importants, que prépare l'avenir ; mais encore elle peut donner, à toute personne, des renseignements utiles dans le commerce de la vie, et éclaircir des points obscurs relativement *au caractère, aux affections, aux sentiments, aux intentions* de ceux avec lesquels on est lié par la parenté, l'amitié ou l'intérêt.

On peut la consulter sur des maladies nouvelles
ou anciennes, aigües ou chroniques, ordinaires ou
réputées incurables; — sur les phases principales
du passé, du présent ou de l'avenir, privé ou public; — sur le succès d'un mariage, d'une affaire,
d'un voyage, d'un projet, d'un procès, d'un héri-
tage, etc., — sur la loyauté, la conscience, les sentiments, le caractère, les mœurs, la constitution,
les facultés, la fortune, etc., de toute personne
avec laquelle on doit contracter des engagements
d'une nature quelconque.

CHAPITRE III.

Preuves de lucidité.

Pour donner un aperçu des facultés de la SIBYLLE,
nous ne saurions mieux faire que de citer une série
de faits, en les prenant à des dates différentes.

1° Le 22 octobre 1847, elle prédit à madame
Verchères, demeurant alors à Paris, n° 51, rue
Saint-André-des-Arts, laquelle n'avait pas eu de
nouvelles de son mari depuis plusieurs mois, qu'elle

en recevra, le lendemain, une lettre lui annonçant *des embarras d'argent* et son prochain retour. Elle indique la direction du pays où il est, décrit l'hôtel où il loge, le personnel, les hôteliers et l'arrangement intérieur, distinguant entre toutes la table où il mange habituellement. — Le lendemain la lettre arrive, et la somnambule l'ayant touchée toute cachetée en lit plusieurs passages qui confirment exactement ses prédictions de la veille.

2° Le 27 du même mois, elle annonce à madame Brousse, rue Charlemagne, n° 17, que l'enfant qu'elle porte dans son sein est une fille, qu'elle naîtra jolie, avec une peau bien blanche, des couleurs roses, de grands yeux bleus et une chevelure blonde. — Le 3 mai 1848, madame Brousse est accouchée effectivement d'une fille ayant toutes ces qualités physiques.

3° Le 2 novembre, elle parle à M. D., de Saint-C..., de sa propriété située près de Toulouse, à 180 lieues de distance environ, propriété qu'elle n'a jamais vue, bien entendu; décrit la grille qui l'entoure, le parterre qui l'embellit, le vivier avec les poissons rouges, la famille des Bourbons au milieu de laquelle se trouve Louis XVIII couronné, sans omettre le canon solaire qui part à midi !... De plus, elle l'informe qu'un papier de famille, dont il a besoin, a été caché, par sa belle-mère, dans le double fond d'une boîte à secret, placée dans une armoire et fermant à clé ; elle ajoute que la clé de cette boîte reste sur la mère nuit et jour, qu'elle est attachée par un ruban violet à un scapulaire ; enfin, elle lui enseigne le moyen d'ouvrir le secret du double fond !...

4° Du 6 au 15, elle guérit, *par la magnétisation*, madame H... et sa sœur, demeurant rue des Bons-Enfants, n° 10, toutes deux malades depuis plusieurs semaines, et chez lesquelles les visites du docteur *** n'avaient apporté aucune amélioration. Elle annonce à l'une d'elles qu'en la saignant on lui a percé la veine de part en part, et que le sang extravasé dans les chairs a déterminé l'engorgement qui s'en est suivi ; elle prescrit l'application à l'autre bras d'un vésicatoire dérivatif destiné à changer le cours des humeurs; leur trace la route qu'elles doivent suivre, et annonce pour la nuit de violentes douleurs dans l'épaule droite lors de leur passage, prédiction qui s'est exactement vérifiée ;

enfin elle fixe, plusieurs jours à l'avance, le terme de la guérison radicale.

5° Le 24, elle indique à M. Déglos, imprimeur-lithographe, demeurant alors rue de Nevers, n° 5, le lieu où se trouve la demoiselle Joséphine, qu'il cherche depuis douze heures ; désigne la somme d'argent qu'elle a sur elle et les pièces de monnaie dont cette somme se compose ; puis elle prédit certains évènements qui ont, quelques jours plus tard et à la grande stupéfaction de M. Déglos, réalisé de point en point sa prédiction.

6° Le 8 décembre 1847, elle fait à M. J..., Américain, demeurant rue des Boucheries, n° 40, le portrait de son père, mort dans le Nouveau-Monde, il y a 24 ans, d'un coup d'arme à feu ; dépeint le lieu de l'assassinat ; indique l'endroit de la tête où il a été frappé ; désigne le meurtrier, et la nature et la source du sentiment qui a poussé sa main homicide !...

7° Le 18, on lui remet, pendant le sommeil ma-gnétique, en présence de plusieurs témoins, une mèche de cheveux, sans l'instruire de quelle personne ils viennent, et en l'invitant à donner des détails circonstanciés sur cette personne. Après un instant d'examen, elle en indique le sexe, la physionomie, l'état morbide; stipule *qu'il* a un vaisseau sanguin rompu dans l'estomac; décrit l'attitude qu'il avait, le fardeau qu'il levait au moment de la rupture de cet organe, et déclare enfin qu'il n'a plus que quatre ou cinq jours à vivre. — Or, le 22 du même mois, M. Berger, charbonnier, demeurant rue de Seine, n° 20, sur lequel ces cheveux avaient été coupés, mourait d'épuisement après avoir expectoré une grande quantité de sang en décomposition.

8° Du 26 au 30 décembre 1847, elle guérit radicalement, *par la magnétisation seule*, M. X..., essayeur des monnaies, rue ****, des douleurs aiguës qu'il ressentait habituellement dans les os, et qu'il attribuait aux divers traitements mercuriels qu'il avait suivis, conformément aux prescriptions de ses médecins.

9° Le 28 décembre, elle fait connaître, à une personne intéressée, les causes du voyage entrepris, quelques mois auparavant, par madame la comtesse

P.... de B***, et sa résidence momentanée ; elle décrit minutieusement l'appartement qu'elle occupe à 600 lieues de distance environ, au palais de Jassy ; donne des détails sur le personnel qui l'entoure, et va jusqu'à lire, à travers l'espace immense qui l'en sépare, le titre du livre que la comtesse tient entre ses mains et la page où il est ouvert !...

10° Le 11 mai 1848, après avoir décrit à M. Boucherot, alors employé au journal *la Réforme,* son habitation à la campagne ; elle lui donne des détails précis sur un vol commis à son préjudice ; raconte toutes les circonstances qui se rattachent au fait ; suit la trace des voleurs, dont elle donne le signalement complet, et fournit enfin, sur leurs professions et demeures, tous les renseignements nécessaires pour qu'on puisse, avec l'aide de la police et en s'y prenant à temps, mettre à coup sûr la main sur les coupables.

S'il nous était permis de divulguer maints secrets, de citer d'autres noms propres et d'entrer dans le détail de consultations somnambuliques relatives à la vie intime, nous pourrions multiplier à l'infini le récit de faits particuliers, de dates récentes, tous plus extraordinaires les uns que les autres, et qui témoignent hautement de la puissance du magnétisme sur l'organisme humain, et de la lucidité merveilleuse de notre Sujet.

Mais le désir d'accumuler les preuves ne saurait en aucune façon nous faire manquer au devoir le plus sacré de notre situation; et les questions traitées dans le secret du cabinet sont une lettre close que nous n'ouvririons pour personne, même aux dépens de notre vie, sans une autorisation formelle des parties intéressées.

Nous nous bornerons à enregistrer ici, à l'appui de nos assertions, quelques-unes des attestations inscrites dans l'Album de la SIBYLLE, qui lui ont été offertes spontanément, et que nous sommes autorisés à publier par les signataires eux-mêmes.

ATTESTATIONS DIVERSES

(Extraites de l'Album de la Sibylle.)

I.

«Je me fais un véritable plaisir, et un devoir à la fois, d'attester que, depuis 10 ans que je m'occupe de l'étude du somnambulisme, je n'ai rencontré, parmi les nombreuses personnes somnambules, hommes ou femmes, avec lesquelles je me suis trouvé en rapport, aucune qui eût une lucidité plus nette, plus précise et surtout plus constante que la SIBYLLE MODERNE. Elle est vraiment surprenante dans la clarté avec laquelle elle diagnostique les maladies, même les plus anciennes, tant dans leur état actuel que dans les différentes phases qu'elles ont suivies. »

Paris, 5 décembre 1848.

Le chev^{er} Dunstan Léochan de KERSABIEC, 50, r. Basse-du-Rempart.
L'un des fondateurs du journal magnétique.
La Revue d'Anthropologie catholique.

II.

« Pour moi qui ai consulté la SIBYLLE MODERNE sur divers points de haute philosophie religieuse et sociale, je suis resté et demeure confondu des solutions que m'en a données une femme étrangère à ces matières, comme aux études qu'elles nécessitent.

» Qu'est-ce donc que le somnambulisme qui permet de formuler ainsi la science et qui donne des lueurs d'une aussi sublime lucidité ? C'est un état inexplicable pour moi, mais que tout homme, qui

reconnaît la puissance des faits, reconnaîtrait avec
la bonne foi que je mets ici. »

Paris, 10 décembre 1848.   GLADE,
                    Avocat à la Cour d'appel, 25, rue de l'Université.

III.

« Je suis venu consulter la SIBYLLE pour avoir des
renseignements sur mes connaissances les plus intimes, habitant l'une en Afrique et les autres dans le
nord de l'Europe. Non—seulement elle m'a décrit
exactement leurs physionomies et leurs caractères :
mais elle m'a dit aussi dans quelle disposition d'esprit elles se trouvent à mon égard, jugement dont
j'ai pu apprécier l'exactitude par les lettres que j'en
ai reçues ultérieurement.

» J'ai poussé la curiosité plus loin encore, et je l'ai
fait voyager, de son cabinet, dans les régions que
j'avais à parcourir pour m'assurer de leur état sani-
taire. Ses investigations m'ont fourni, sur la marche
du choléra dans le nord, des renseignements dont
ma correspondance n'a pas tardé à m'apprendre la
justesse. »

Paris, 16 décembre 1848.   BUCH,
                    Professeur de langues et de littéra-
                    tures à l'Université de Vienne.

IV.

« J'atteste que, par suite du traitement magnétique que m'a prescrit la SIBYLLE MODERNE , j'ai
été parfaitement guéri d'une maladie lente, an-
cienne, nerveuse, qui m'occasionnait de vives douleurs dans la colonne vertébrale , et pour la quelle
je m'étais en vain adressé depuis plusieurs années
à diverses notabilités médicales de la capitale. »

Paris, 25 décembre 1848. PILLOT,
Jardinier-fleuriste, Rue de l'Oursine, 122.

V.

« Parmi les preuves réitérées que m'a donné la
SIBYLLE MODERNE d'une lucidité vraiment extraordinaire, je me plais à citer le fait de prévision ci-
après, à cause de sa particularité :

»Après un entretien sur ma santé, je lui demandai
le 20 décembre dernier, si je recevrais quelque
cadeau d'étrennes au premier janvier. Après un
instant de réflexion , elle répondit à cette question
futile, et à laquelle je n'attachais nulle importance,
que parmi les objets que je recevrais à l'occasion
du jour de l'an , elle distinguait une étoffe de soie
changeante et or.

»Effectivement, j'ai reçu le **31** décembre au soir, à mon grand étonnement, d'une personne complètement inconnue de la Somnambule, un tapis de table de salon parfaitement semblable à l'étoffe qu'elle m'avait annoncée. »

Paris, le 4 janvier 1849.   Vincente DUBUISSON.
56, rue St-Georges, quartier d'Antin.

VI.

« Je, soussigné, Jacques Déglos, imprimeur-lithographe, demeurant à Paris,

» Déclare que dans le courant de novembre, ayant été mis en rapport par M. Mongruel avec sa Somnambule en état de crise magnétique, j'interrogeai celle-ci pour savoir ce qu'était devenue la demoiselle Joséphine-Tonnelier, alors à mon service et qui, la veille, était disparue de mon domicile emportant une petite somme d'argent que je lui avais confiée, et que les détails qui me furent donnés sur ladite demoiselle étaient de telle nature, qu'ils me firent connaître la maison où je la trouverais sur l'heure même, les motifs qui l'y avaient attirée, ce qui lui restait alors de la somme qu'elle avait emportée et les *pièces de monnaie dont se composait cette somme.*

» J'affirme qu'étant allé immédiatement au lieu indiqué, j'y trouvai effectivement la demoiselle Tonnelier, et que vérification faite de l'argent qu'elle avait, les indications de la Somnambule se trouvèrent de la plus rigoureuse exactitude sur tous les points.

» J'atteste, en outre, qu'elle me donna sur *le caractère, les goûts, les mœurs, les intentions* de Joséphine, qu'elle ne connaissait pas, des renseignements précieux dont j'eus lieu de reconnaître ultérieurement l'entière véracité, et qu'enfin elle me prédit, environ quinze jours à l'avance, autant que je puis me le rappeler, des *événements* et des *faits* dont j'étais loin de soupçonner l'accomplissement, et qui pourtant se vérifièrent de point en point à ma grande stupéfaction.

» En foi de quoi j'ai donné cette sincère et loyale attestation, à Paris, le huit janvier. »

Déglos,
Imprimeur-lithographe, 17, place Saint-Jean.

VII.

« Les *parfaits* somnambules sont tellement rares, que lorsqu'on est assez heureux pour en rencontrer, il est de devoir rigoureux, pour l'homme

d'honneur qui s'est occupé de la science magnétique trop négligée ou livrée à des mains indignes,
de signaler à ses concitoyens ceux qui méritent
toute leur confiance.

» La SIBYLLE MODERNE, aimable et naturelle à
l'état de veille, m'a paru, durant l'état somnambulique, d'une lucidité *remarquable*, et conscien-
cieuse autant que sage. Je me fais un plaisir d'attester cette vérité à ceux qui viendront consulter
la jeune SIBYLLE, dirigée par un homme qui, comprenant toute l'importance de sa position, sait se
maintenir dans la limite des devoirs rigoureux
qu'elle lui impose. »

Paris, le 16 mars 1849,   DE LAROCHEFOUCAULT,
                 duc de Doudeauville, 17, rue de Varennes.

VIII.

« C'est à la fois un devoir et un plaisir pour
moi d'exprimer les sentiments de reconnaissance et
d'admiration que m'a inspirés la SIBYLLE MODERNE,
dans les deux consultations que je suis venu lui
demander.

» Cette jeune dame joint à une excellente tenue,

à une élocution élégante et facile, une intelligence bien rare, une lucidité magnétique incomparable.

» S'élevant constamment à la hauteur de l'espèce de sacerdoce bienfaisant qu'elle exerce avec une louable modestie, elle est, pour toute personne qui a la connaissance des principes, des traditions et des faits magnétologiques, incontestablement au-dessus des Sibylles de l'antiquité, comme elle est bien supérieure à tous les sujets somnambules que j'ai entendus, vus, étudiés ou expérimentés.

» On reconnaît, en écoutant la jeune SIBYLLE, qu'il n'y a pas plus de savoir-faire dans ses observations ou ses réflexions que d'ambiguité dans ses expressions. Sympathisant avec vous, elle est heureuse de votre bonheur ou de vos espérances, affligée de vos préoccupations ou de vos disgrâces ; elle vous est une amie dévouée et sincère, un mentor sage et consciencieux.

» Je l'ai interrogée sur des intérêts et sur des affections morales ou physiques, dont les objets étaient à cinq cents lieues de nous, et ses aperçus sur les choses et les personnes étaient rendus avec un tel bonheur de *vue*, d'appréciation et d'expres-

sion ; ses portraits, au physique ou au moral, por-
taient un tel cachet de vérité et d'identité ; les solutions par elles fournies aux questions de tous or-
dres que je lui avais posées, étaient si bien en rapport avec la réalité ou la probabilité des faits, la
logique ou l'évidence des causes et des résultats,
qu'après l'avoir entendue, je me demandais si quelque chose de divin n'existait pas dans cette organisation surhumaine !

» Deux mots résumeront les résultats indiqués,
les impressions reçues : c'était, d'un côté, du
prodige, du merveilleux, du sublime ; c'était, de
l'autre, de l'admiration, du recueillement, je dirais
presque de la vénération ; car auprès de cette somnambule exceptionnelle on ne peut faire moins que
de comprendre la religion du magnétisme.

» Ma confiance en l'inexprimable lucidité de cette
jeune dame, si justement surnommée *la Sibylle
moderne*, est telle que, si j'étais artiste, spéculateur
ou homme d'État, je ne ferais, à l'avenir, rien dont
pourraient dépendre ma réputation, mes intérêts
ou ma popularité, sans avoir, au préalable, pris
ses inappréciables conseils.

» Ce principe sera désormais ma règle de con-
duite ; je le déclare la main sur le cœur. »

Paris, le 17 mars 1849.   F. LAUJAULET,

Ancien notaire, propriétaire et vice-président de la
Société d'agriculture à Oran (Afrique).

CHAPITRE IV.

Visions, Songes, Prophéties.

Si nous n'écrivions que pour les incrédules, nous supprimerions ce quatrième chapitre, qui ne traite point de faits dont le somnambulisme produise habituellement des exemples nombreux et identiques. Mais c'est surtout aux croyants que nous nous adressons, car il nous importe peu de faire de nouveaux adeptes : le prosélytisme n'est pour nous qu'un point fort secondaire.

Nous entrerons donc ici dans un autre ordre de faits assez rares pour que nous les considérions comme propres aux facultés particulières de la SIBYLLE. Ils seront tirés, les uns, de ses visions à l'état normal, les autres, des inspirations nous

oserons dire *célestes* de l'état magnétique, et se rap-
porteront tous à l'avenir. Ce nous sera une occasion d'expliquer, autant que possible, comment la
Providence révèle quelquefois aux hommes, par
l'organe de ses propres créatures, les évènements
qui doivent les frapper.

Il est impossible, nous a-t-on répété cent fois,
que l'esprit de l'homme, dans quelqu'état qu'il
soit, puisse lire dans l'avenir. Le prétendre, c'est
vouloir s'égaler à Dieu, c'est commettre le double
péché d'orgueil et de mensonge, c'est vouloir en
imposer au crédule vulgaire, dans le but coupable
d'exploiter sa croyance et de la faire servir indi-
gnement à l'élévation d'une renommée usurpée et
d'une fortune lâchement acquise.

Nous devons déclarer d'abord, et nous le faisons
bien sincèrement, que nous rapportons à Dieu seul
les merveilles du somnambulisme lucide ; que nul,
plus que nous, n'est pénétré de l'existence, chez
l'homme, d'un être spirituel émanant du foyer général qui éclaire l'univers et le vivifie ; que nous
sentons trop bien la chétivité de notre nature,
pour nous enorgueillir des facultés qui sont indé-

pendantes de notre état matériel, et qu'enfin il n'entre dans notre esprit, fortement convaincu de son impuissance, autre chose que le désir de prouver combien la science, dans l'explication des phénomènes de la vie, s'éloigne de la source à laquelle elle devrait puiser ses inspirations...

Les visionnaires ne sont point aussi rares qu'on le pense généralement. Jacob le patriarche, Pharaon le roi d'Égypte, saint Jean l'Évangéliste, etc., étaient certainement des visionnaires qui voyaient, dans les songes, des révélations ou des avertissements du ciel. De tout temps, et chez tous les peuples, on a soupçonné que ce travail de l'esprit, durant le repos des sens, établissait une sorte de rapprochement entre l'homme et Dieu, entre la vie matérielle et la vie spirituelle.

La plupart des prophètes anciens, et il y en a eu chez toutes les nations civilisées, n'ont laissé que des paroles figurées, cachant un sens réel sous une expression mystique, sens dont on ne pouvait faire l'application qu'après l'accomplissement des évènements qu'ils annonçaient. C'est que leur intelligence, plus développée que celle du commun des hommes, sentait mieux le prix des communications de Dieu avec leurs âmes, et qu'ils écrivaient, sous la forme qui leur était apparue, les révélations que leur esprit avait saisies sous ces images, mais que pourtant ils ne pouvaient rendre sensibles pour les autres sans employer la forme allégorique. — L'Apocalypse de saint Jean ne contient que des paraboles de cette nature.

Non-seulement les *visionnaires des Cévennes*, et tant d'autres personnes vivant d'une vie calme et contemplative, ont eu, pendant la veille où le sommeil, de ces apparitions significatives; mais il arrive à tout le monde d'avoir en songe, une ou plusieurs fois dans la vie, quelque vision frappante, sous l'impression de laquelle on reste encore quelques instants après celui du réveil. Ce qui nous manque, à nous, pour en déduire la signification, c'est tout simplement le sens de l'interprétation. Or, l'état somnambulique, qui développe jusqu'à l'exaltation, toutes les facultés morales et intellectuelles, en séparant en quelque sorte l'intelligence de la matière, rend éminemment apte à saisir les rapports qui peuvent exister entre ces perceptions de l'esprit et les relations de la vie matérielle. Si l'Évangéliste Saint-Jean avait été dans l'état somnambulique, lorsqu'il écrivait son recueil de prédictions, il les eut certainement expliquées d'une façon claire et intelligible pour tous les hommes, en les traduisant par leurs expressions propres; cela ne fait aucun doute pour nous.

Nous avons trouvé, à la bibliothèque Sainte-Geneviève, à Paris, un volume manuscrit, contenant la narration de plusieurs visions singulières qu'ont eues des religieuses qui ne sont, à notre avis, rien autre chose que des révélations providentielles, masquées sous des formes allégoriques, et auxquelles il n'a manqué, pour être parfaitement compréhensibles, qu'une traduction interprétative, qui en montrât l'application aux évènements de l'époque. Nous avons tout lieu de croire, nous, que ces religieuses auraient été considérées comme des prophétesses inspirées de Dieu, si elles avaient été douées d'un esprit assez pénétrant pour saisir naturellement le sens réel de ces visions; ou si, par la magnétisation, l'on avait provoqué, chez elles, cet état d'exaltation nerveuse pendant lequel se développent à un si haut degré les facultés intellectuelles auxquelles il faut rapporter le *sens interprétatif* des songes.

Si nous voulions enregistrer les exemples qu'on a recueillis de toutes parts des prévisions des hommes, et répéter les paroles prophétiques qu'on a empruntées aux écrivains de notre siècle et du siècle dernier, nous aurions mille preuves à donner en faveur de notre opinion sur les communications spirituelles relatives aux évènements futurs. Mais de telles superfluités ne doivent point trouver place ici : assez de faits nous appartiennent en propre, sans aller chercher nos preuves ailleurs.

Si nous étions maître des secrets d'autrui, nous aurions à placer ici l'histoire de bien des faits vraiment étranges ; il n'y a guère de jours que nous n'apprenions la réalisation de quelque prédiction particulière. Mais nous ne pouvons ni ne devons relater que des prophéties ayant un caractère de généralité propre à intéresser tout le monde, sans initier nos lecteurs à aucune histoire personnelle.

Maintenant laissons parler les faits ; ils seront plus éloquents et plus persuasifs que nous et parleront plus fort que tout ce que nous pourrions dire.

Le 6 février 1848, la Sibylle, qui à cette époque ne s'abandonnait au magnétisme que dans des réunions intimes, et à la sollicitation de ses amies, eut, durant le sommeil naturel, un songe qui la tourmenta beaucoup, que nous rapporterons dans un ouvrage spécial, destiné à répandre de nouvelles lumières sur les Prophètes et les Prophéties, et qu'elle interpréta à l'état somnambulique, en annonçant « *une prochaine révolution en France, la déchéance de Louis-Philippe, l'établissement de la République.* » — Cette explication nous parut tellement invraisemblable, que nous ne prîmes aucune mesure pour en faire constater la date et l'authenticité. Cependant les journées de février vinrent accomplir sa prédiction.

Le 24 du même mois, un nouveau songe lui fit annoncer des scènes de désordre et de pillage pour les jours suivants, ajoutant même à cette révélation des conseils propres à en prévenir l'accomplissement. — Cette fois nous voulûmes utiliser sa lucidité ; et sans confesser que nous devions au somnambulisme d'être instruit de ce qui devait avoir lieu, nous écrivîmes deux lettres que nous déposâmes personnellement le 25 février, l'une à la Préfecture de police, entre les mains du citoyen Sobrier, l'autre chez le vénérable Dupont de l'Eure, président du Gouvernement provisoire, à son domicile, rue Madame, et par lesquelles nous appelions l'attention de l'autorité sur l'objet de la révélation somnambulique. Ces lettres, que le pillage des châteaux royaux et de quelques propriétés particulières justifia bientôt, doivent exister aux archives de la préfecture.

Le 1er mars 1848, avant qu'aucune nouvelle révolutionnaire arrivât de l'étranger, elle eut, durant le sommeil magnétique, la vision suivante, que nous lui laisserons raconter elle-même :

« Je vois en ce moment, dit-elle avec un accent
» de surprise marqué, quelque chose comme un
» immense ballon, qui se soutient dans les airs...,
» c'est une grosse boule,... c'est le globe de la terre!
» Une femme aux épaules nues s'y tient debout, le
» bras droit tendu, la main appuyée sur la hampe
» d'un étendard ; elle a l'air martial,... c'est le
» mythe de la Liberté. Des lettres que je ne dis-
» tingue pas très bien se trouvent placées sur la
» boule.... elle m'apparaissent davantage..... elles
» forment un mot.... une phrase... je lis : *Victoire*
» *aux peuples.* Cette vision m'apparaît dans la di-

» rection du levant, éclairée d'un côté par un soleil
» lumineux, mais d'un rouge couleur de feu et de
» sang!... —Oh! dit-elle, après un instant de con-
» centration, je comprends; c'est la révolution
» faisant le tour de l'Europe et la liberté s'y éta-
» blissant après que le sang aura rougi, inondé la
» terre, et que le fer et le feu auront détruit une
» partie de ses richesses. »

Les révolutions qui ont depuis ensanglanté l'Ita-
lie et l'Allemagne, se sont chargées de justifier sa
vision, indépendamment des évènements futurs
qu'elle a prédits en mai, juillet et décembre 1848,
et qui, aujourd'hui, se préparent visiblement en
Europe.

Le 8 du même mois (mars 1848), un songe dont
on lui demanda l'explication à l'état magnétique et
qui trouvera sa place dans le petit ouvrage que
nous avons annoncé, page 20, lui montre, dans un
avenir prochain, l'anarchie en province, le désordre,
la guerre civile, de nouvelles barricades... —Plus
de cinquante consultants ont été instruits de cette
prédiction avant les affaires de Rouen et les journées de juin.

Le 10 du même mois, elle déduit d'une vision particulière que M. Louis Blanc, appelé alors *le Père des travailleurs*, et dont les théories étaient l'objet d'un enthousiasme généralement populaire, perdra bientôt la plus large part de sa popularité, et qu'il « ne lui restera pas même un camp dans lequel il puisse se retrancher en France. » — L'impuissance de la commission du Luxembourg à tenir ses engagements envers le peuple ; la mauvaise organisation et la dissolution des ateliers nationaux ; l'enquête parlementaire et la fuite de Louis Blanc à l'étranger sont venues donner raison à ses prévisions, que nous avons eu la hardiesse d'écrire au Gouvernement provisoire, comme nous le raconterons bientôt.

Le 7 avril, elle a pu, d'après le sens d'un rêve multiple, expliqué comme les précédents à l'état somnambulique, en présence de plusieurs témoins, annoncer que le Génie de la guerre soufflant sur l'Europe, des armées seraient mises en campagne dans plusieurs contrées ; — que les peuples, loin de mettre en pratique cette fraternité universelle qu'on devait attendre comme résultat certain d'une révolution sociale, seraient poussés les uns contre les autres, puis.... et quel...

Cette dernière prédiction, que nous ne pouvons achever d'écrire en toutes lettres, imprimée et publiée par nous au mois de mai 1848, dans un prospectus qui a été répandu dans Paris à 50,000 exemplaires, à une époque, où, après le fameux manifeste de M. de Lamartine, les puissances continentales paraissaient toutes compter sur la paix, n'en a pas moins été en partie vérifiée déjà par les batailles que se sont livrées des contrées voisines. Et si nous disons *en partie*, c'est que la prédiction doit, qu'on retienne bien ceci, recevoir un plus complet et assez prochain accomplissement par de nouvelles guerres auxquelles la France prendra une part active.

Le 9 mai 1848, à huit heures du soir, en présence de plusieurs personnes, dont trois ont songé à nous en donner une attestation écrite, elle déclare qu'il sera fait, *dans cinq ou six jours*, à la Chambre des Représentants, une nouvelle tentative de révolution; qu'il y aura des chefs militaires avec le peuple; qu'un coup de feu partira et que le sang coulera; qu'un des chefs de la faction donnera le signal du départ pour se porter sur un autre point; qu'enfin cette tentative hardie sera étouffée et réprimée, mais qu'environ un mois plus tard, une nouvelle insurrection éclaterait terrible, sanglante !... — Le 15 mai, qui est arrivé effectivement *six jours après*, a prouvé, par l'envahissement du Palais législatif ; par la tentative de l'insurrection sur l'Hôtel-de-Ville ; par le coup de feu relaté dans l'acte d'accusation dressé contre les prévenus de mai ; par l'arrestation des chefs du mouvement enfin, qu'elle avait donné de sa vision une interprétation juste, éclairée, précise. — Les évènements de juin en ont malheureusement trop bien justifié la dernière partie.

Voici le texte de l'attestation y relative.

« Nous, soussignés, attestons et certifions en toute
» sincérité, qu'ayant assisté aujourd'hui, neuf mai
» mil huit cent quarante-huit, à une séance som-
» nambulique, à huit heures du soir, chez M. Mon-
» gruel, rue de Seine-Saint-Germain, nous avons
» entendu sa somnambule, expliquant un songe de
» la veille, annoncer que prochainement il serait
» fait une nouvelle tentative de révolte devant un
» monument public; qu'elle croyait pouvoir affir-
» mer qu'il y aurait des généraux avec le peuple;
» qu'un coup de feu partirait, et qu'un homme

» serait blessé ; qu'elle entendait l'un des chefs de
» parti donner le signal du départ de ce lieu pour
» se porter sur un autre point ; que cette tentative
» serait étouffée et réprimée, etc. Qu'enfin pressée
» par le magnétiseur de désigner le lieu et l'époque
» de cet événement, elle déclara qu'elle croyait que
» ce serait devant la Chambre des députés, et en-
» viron dans cinq ou six jours.

» *La présente attestation donnée à M. Mongruel,*
» *pour rendre hommage à la vérité et lui servir ce*
» *que de raison.* »

Signé : **A. Anson.**   **H. Becker.**   **D. Menon.**

rue Joubert, n° 8.   quai Malaquais, 66.   rue de Seine, 18.

Le 18 mai, elle annonça à un officier supérieur
de la garde nationale, qui avait pris part aux évènements du 15, et qui la consultait sur l'avenir
politique, « qu'un descendant de l'empire (c'est
l'expression dont elle se servit) arriverait d'abord
au gouvernement de la France ; qu'il aurait à sou-
tenir des luttes au dedans et au dehors, et que... »

C'est ainsi qu'elle prédit l'arrivée de Louis-Napoléon Bonaparte à la présidence de la République,

huit mois à peu près avant son élection. Et si le té-
moignage de cet officier, qui a joué aussi un rôle
actif dans les affaires de juin, nous était utile, il
ne nous ferait certainement pas défaut. Au reste,
cette prédiction qui avait été faite dès le mois d'a-
vril (*voyez page 77 ci-après*) a depuis été renouve-
lée plusieurs fois en séance particulière, et en quelque sorte publiquement dans une soirée que nous
donnions, vers la fin de l'automne, chez madame
veuve Landry, rue des Bourdonnais, n° 9, et à laquelle assistaient 15 ou 18 personnes, dont au
besoin nous retrouverions les noms et adresses.

Nos lecteurs seront peut-être curieux de savoir
comment cette révélation lui fut confirmée. Nous
allons rapporter sa vision et les termes mêmes de
son interprétation.

« J'ai vu, dit-elle, en levant la tête, se dessiner
» dans un nuage, vers le nord-ouest, le corps d'un
» cheval, puis la tête, puis les jambes, puis le ca-
» valier qui le montait. Celui-ci me paraissait
» avoir un corps humain, tandis que la monture
» me semblait être faite de matière nuageuse,
» éthérée. Je vis bientôt ce cheval prendre une
» forme plus substantielle à mesure que, descen-

» dant des nuages, il s'approchait davantage de la
» terre ; je pus distinguer sa couleur blanche et
» son air fringant. Il piaffait, hennissait, encen-
» sait, câbrait et paraissait tout fier de son pré-
» cieux fardeau.

» Cet air de vive gaîté contrastait singuliè-
» rement avec la contenance triste, l'air sombre
» et préoccupé du cavalier, dont le teint brun
» et la longue moustache semblaient ajouter en-
» core à la sévérité de sa physionomie. Bien que,
» dans ma pensée, il fut excellent cavalier, je re-
» marquais que les rênes lui étant échappées des
» mains flottaient sur le cou du cheval; que son
» corps paraissait mal assuré, et que lui-même
» semblait surpris des soubresauts qu'il éprouvait.
» Il y avait dans sa mise ceci de remarquable que,
» vêtu en bourgeois, il était coiffé d'un chapeau
» semblable à celui que portait l'empereur Napo-
» léon.

» En portant mon regard plus haut, je distin-
» guai aussitôt dans les airs, sous les traits et les
» habits de la Vierge, une femme à l'aspect bien-
» veillant et majestueux, qui tenait ses mains éten-

» dues au-dessus de lui, et des doigts de laquelle
» partaient des rayons lumineux descendant jus-
» qu'au cheval, et au moyen desquels elle diri-
» geait tous ses mouvements. Je la vis enfin allon-
» ger graduellement les rayons ou fils magnétiques
» qui soutenaient le cavalier et sa monture, et les
» déposer lentement à terre. Au même moment ces
» fils lumineux se détachèrent brusquement du
» cheval, se replièrent sur eux-mêmes en remon-
» tant vers les cieux, et la Vierge disparut.

» Je compris, par ce signe, que la mission de sa
» protectrice était finie et qu'elle l'abandonnait à
» ses propres forces.

» Comme je me sentais attristée à la vue de
» cette disparition mystérieuse, je reportai plu-
» sieurs fois mon regard du cheval à la nue et de
» la nue au cheval, comme pour retrouver la trace
» de son passage, et saisir le rapport qui pouvait
» exister entre cette Vierge et ce cavalier. Je crus
» alors entendre celui-ci m'adresser une question
» secrète ; j'y fis une réponse mentale, puis il dis-
» parut à son tour. »

Telle a été sa troisième vision relative à l'avènement de la famille Bonaparte en général, et à la nomination du Président de la République en particulier. Nous raconterons les deux précédentes dans *l'Avenir révélé par les songes.*

Voici en quels termes elle a interprété cette dernière.

« *Le cheval blanc qui m'est apparu dans la direction du nord-ouest, dit-elle, est le cheval historique de l'Empire. La matière nuageuse dont il paraissait formé montre la fragilité d'un pouvoir nouveau sur lequel le cavalier va s'asseoir. Ce cavalier c'est Louis-Napoléon Bonaparte.*

» *Cette vision est la confirmation entière des deux prédictions que j'ai faites, l'une en avril, il y a huit mois ; l'autre en septembre dernier, relativement à la résurrection politique de la famille Bonaparte.*

» *Voici le prince Louis qui vient d'Angleterre pour prendre la direction de l'État. Très-certainement ce sera lui qui sera nommé Président de la République par l'élection du 10 décembre. Sa descente des nuages annonce l'accomplissement d'une volonté de la Pro-*

vidence. Cette protectrice qui, sous les traits de la Vierge plane au-dessus de lui, contient et dirige son coursier au moyen des fils lumineux qui s'échappent de ses doigts, signifie la politique de fusion et de conciliation, ou la participation sous son gouvernement de différents partis dans l'administration des affaires publiques, comme les tiraillements qui résulteront du concours simultané de ces éléments hétérogènes. Les soubresauts auxquels son corps paraissait obéir malgré lui représentent les difficultés et les chocs politiques qu'il devra rencontrer durant le cours de son administration. La rupture subite des fils lumineux qui contenaient l'emportement de la monture, leur retrait sur eux-mêmes, et la disparition de la Vierge, semblent indiquer le retrait des partis après un certain temps d'essai, et l'abandon même de la protection de Dieu..........

» Enfin, le coup d'œil et la question qu'il m'adresse d'un air inquiet et mystérieux sont un avertissement pour moi que je serai appelé à l'honneur de lui révéler, soit directement, soit indirectement , quelques-unes des phases de son avenir. »

A cause de sa similitude avec le précédent, nous

3.

ferons raconter à la SIBYLLE le songe suivant, dont
elle a donné le sens interprétatif le 3 décembre,
alors que la nouvelle de la déchéance du pape ve-
nant d'arriver à Paris, le gouvernement désignait
une commission pour aller recevoir le Saint-Père
à Marseille. Nous conservons son récit.

« Cette femme céleste, dit-elle, que j'avais déjà
» vue planer dans les airs au-dessus d'un cavalier
» qu'elle descendait à terre, m'apparut de nouveau
» sous les traits de la Vierge, mais dans une attitude
» différente et dans une région moins élevée.

» Elle venait de piquer dans un nuage au-dessus
» d'elle, et cette fois-ci dans une direction précisé-
» ment opposée à la première, quatre fils magnéti-
» ques, sur lesquels elle paraissait agir comme pour
» attirer à elle un char, dont on distinguait les
» roues seulement. Bientôt ce char se dégagea de la
» nue qui le masquait et descendit à son tour vers
» la terre, appelé par l'attraction magnétique.
» Enfin il arriva au-dessous de la Vierge et assez
» près de moi pour que je pusse en distinguer tou-
» tes les parties.

» Il était formé, en apparence, d'une substance
» claire, brillante, transparente et argentée, telle
» qu'il n'en peut exister que dans l'imagination.
» Il brillait d'un éclat si vif que j'avais peine à en
» supporter la vue. Il était attelé de deux colom-
» bes. Dedans se tenait nonchalemment étendu
» un homme vêtu d'habits pontificaux, coiffé de
» la tiare, et dont l'air de béatitude annonçait
» une parfaite confiance dans sa destinée. Les
» quatre fils magnétiques attachés aux quatre an-
» gles s'allongèrent graduellement jusqu'à ce qu'en-
» fin le char touchât à terre sans choc et sans
» aucun balancement.

» Lorsque l'équipage féerique du saint person-
» nage eut touché le globe, celui-ci éleva les yeux
» vers sa directrice, et lui adressa, d'un regard re-
» connaissant et supplicateur, un remercîment et
» une prière, auxquels elle répondit par un geste de
» bonté qui signifiait, dans mon esprit, « soyez
» tranquille, je ne vous abandonnerai pas. » Puis
» tout disparut de nouveau. »

Voici maintenant l'explication qu'elle a donnée
de cette deuxième vision.

« Celle apparition est relative au Pape Pie IX. La matière brillante et transparente dont le char était formé annonce la grandeur, l'élévation, la splendeur du personnage qu'il contient, et ses rapports avec les choses du ciel; les colombes dont ce char est attelé sont le symbole de la pureté de son âme et de la bienveillance de ses intentions. Sa descente des nuages indique sa chûte du trône pontifical; mais le concours de la Vierge, les attentions dont il est l'objet, l'air de quiétude qui règne sur son visage, l'échange d'un regard d'intelligence entre elle et lui, sont autant de signes de la protection de Dieu.

» J'en infère ajoute-t-elle que le Pape, qui ne vient point actuellement en France, et à l'intention duquel on fait des préparatifs complètement inutiles, remontera sur le trône pontifical, rappelé par la majorité du peuple romain. »

Telle est l'explication qu'elle en a donnée. Le temps nous apprendra si son interprétation aura été exacte sur tous les points.

Veut-on savoir maintenant comment elle a prédit, en août 1848, le retour du choléra pour le

printemps suivant? Le voici: C'est encore par
suite d'une vison, que nous allons retracer aussi
brièvement que possible.

« Je me trouvais, raconte-t-elle, sur la place
» du Châtelet, au bas de la rue Saint-Denis. En
» voulant regarder la statue de la Renommée qui
» se trouve sur la colonne élevée en cet endroit,
» je vis un gros nuage noir, peu élevé, dont le
» voisinage répandait une odeur nauséabonde, et
» dont la marche laissait derrière lui une traînée
» embrunie, indiquant la direction d'où il venait.
» Ma mère était avec moi et m'informait que mon
» enfant venait de tomber malade. Tout-à-coup
» j'aperçus dans le nuage, qui passait alors au-
» dessus de moi, une tête de bœuf en putréfac-
» tion, surmontée d'un drapeau noir, et que le
» nuage charriait avec lui. J'eus à peine le temps
» d'en témoigner mon étonnement, que je vis le
» drapeau se détacher de cette tête, et le bâton,
» en se renversant, venir me frapper au cœur de
» la flèche qui le surmontait.

» Je poussai un cri de douleur et de surprise,
» en me disant blessée mortellement. Je souffrais

» beaucoup assurément, mais cependant je sentais
» intérieurement que je ne devais point en mourir.
» Et, en effet, je revins peu à peu à la vie et ne
» revis plus le nuage malfaisant. »

« *Cette vision, a-t-elle dit, est le présage d'une
peste sur les bêtes et sur les gens. L'espèce qui sera
le plus attaquée parmi les animaux doit être vraisem-
blablement l'espèce bovine. Quant à l'espèce humaine, elle aura à supporter, vers le printemps
prochain, une nouvelle invasion du choléra. Cependant il devra sévir avec beaucoup moins de ri-
gueur que lors de sa première apparition, en 1832.
La trace du nuage indique la direction qu'il suivra
dans sa marche, et il me paraît certain qu'il ne
s'étendra pas sur la France entière; mais qu'il y
tracera une zône semblable à celle que suivait le
signe précurseur.* »

C'est encore le temps qui nous permettra d'apprécier l'exactitude de cette interprétation. Ne
préjugeons rien d'avance.

Beaucoup d'autres songes, visions et apparitions
ont fourni à la SIBYLLE l'occasion de prédire des

évènements d'un intérêt général, que nous regrettons vivement de ne pouvoir donner sans danger. Nous sentons quelle réserve excessive nous devons apporter dans la publication de nos prédictions politiques, par exemple. Non-seulement nous voulons écarter toute accusation et tout soupçon tendant à nous faire considérer comme un alarmiste vendu à un parti ; mais encore et surtout nous tenons essentiellement à notre indépendance et nous ne voulons rien avoir à démêler ni avec la police, ni avec la justice, quel que soit le parti vainqueur ou vaincu dans nos luttes intestines.

Si l'on n'immole plus sur les bûchers, comme convaincus de sortiléges et coupables de maléfices, ceux qui reçoivent et transmettent les inspirations divines, durant l'état magnétique ; on pourrait bien, sous le prétexte qu'ils troublent les esprits et nuisent au rétablissement de l'ordre, les persécuter encore comme des ennemis du repos public, s'il s'avisaient de prédire quelque nouvelle catastrophe devant entraîner la chûte d'un parti. Mais vienne la liberté de la presse illimitée, et alors nous reprendrons courageusement notre tâche à l'endroit où nous l'aurons laissée.

CHAPITRE V.

Documents et pièces justificatives.

Convaincu, comme nous le sommes, de la possibilité d'entrevoir l'avenir, soit par les songes, soit par un travail purement somnambulique, et après avoir donné tant de preuves de la justesse des appréciations et des prévisions de la SIBYLLE, on devra trouver tout naturel que nous ayons cherché à mettre ses facultés au service de la France, dans le but louable, nous osons le dire, de lui épargner quelques grands malheurs, ou d'en atténuer au moins les effets.

Tant d'événements déplorables pour le pays nous apparurent comme conséquences de la révolution de février, que nous crûmes faire acte de bon citoyen en offrant de mettre la lucidité de notre Sujet magnétique au service des intérêts de l'humanité en général et de la France en particulier. Si nos tentatives à cet égard sont restées infructueuses, la faute en est à nos hommes d'État, comme nous l'allons démontrer.

Le 6 mars 1848, nous adressâmes à M. Pagnerre, notre voisin, maire du 10ᵉ arrondissement et Secrétaire du Gouvernement provisoire, une demande d'audience de cinq minutes, « pour une communication qui pouvait être d'une certaine importance. » N'en recevant pas de réponse, nous renouvelâmes, le 10, notre demande sans autre succès, malgré les termes pressants dans lesquels elle était conçue. Huit jours s'écoulèrent encore, et nous prîmes le parti d'écrire la lettre suivante.

A Messieurs les membres du Gouvernement provisoire de la République.

« CITOYENS,

» Le soussigné avait adressé, il y a huit jours, une seconde demande d'audience écrite au Secrétaire général du Gouvernement, qui n'a pas eu le temps de l'honorer d'une réponse encore.

» Comme le temps et les évènements marchent vîte, et que ce retard, ou ce refus, n'est pas de nature cependant à lui faire abandonner son idée, parce que son amour de la patrie et son dévouement à la chose publique doivent l'emporter sur toute autre considération , le soussigné s'adresse au Gouvernement même, pour obtenir une audience de quelques instants, afin de lui faire directement l'importante communication qu'il avait eu l'intention primitive de lui faire parvenir par l'organe de son secrétaire général.

» Ne lui demandez pas, citoyens Gouvernants, qu'il vous indique par écrit la nature de la communication qu'il désire vous faire; il est des choses qui ne peuvent ou ne doivent pas s'écrire.

» Il attendra patiemment, mais cette fois avec une entière confiance dans le succès de sa demande, qu'il vous soit possible de le recevoir en audience particulière, ne serait-ce que cinq minutes. Soyez assurés de la profonde conviction qu'a le soussigné de l'utilité de sa démarche pour le gouvernement de la République , et de la convenance qu'elle lui soit faite directement.

» Les membres qu'il y croit le plus intéressés sont les citoyens Dupont de l'Eure , comme président, Lamartine , comme ministre des affaires étrangères, et Ledru-Rollin , comme ministre de l'intérieur.

» Salut, respect, vénération et fraternité.
» Paris, 18 mars 1848. »

A cette lettre nous reçûmes la réponse ci-après, revêtue du timbre du Gouvernement et de celui du secrétariat.

« Hôtel-de-Ville de Paris, le 19 mars 1848.

» Monsieur,

» Veuillez passer demain lundi, à 4 heures, au secrétariat général, pour la communication que vous désirez faire au Gouvernement.

» Votre dévoué concitoyen,
» *Le chef du secrétariat général*,
» B^r. SAINT-HILAIRE. »

Le 20 mars, à 4 heures, nous entrions à l'Hôtel-de-Ville, dans l'une des salles du secrétariat, où nous fûmes reçu par M. Barthélemy Saint-Hilaire. La manière affectueuse avec laquelle il nous demanda l'objet de notre démarche, nous fit bien augurer de la façon dont nos explications seraient accueillies.

Folle erreur ! A peine eûmes-nous prononcé les mots *magnétisme* et *somnambulisme*, que l'expression bienveillante de sa physionomie se changea

en un reflet d'incrédulité, d'impatience et d'ironie.
Dès lors on marcha vers la porte, pour nous faire
comprendre que les instants du Secrétaire étant précieux, il était convenable de le laisser à ses oc-
cupations importantes.

Nous n'avions rien dit encore cependant ; et ne
voulant point nous retirer sans avoir exposé nos
idées, au moins brièvement, nous les expliquâmes
en quelques mots, laissant entre ses mains deux
pièces, dont l'une était une note manuscrite ainsi
conçue :

« La Sibylle moderne affirme aux membres du
Gouvernement,

» 1° Qu'il y aura prochainement de grands mouvements populaires ;

» 2° Que M. Louis Blanc perdra en grande partie
sa popularité ;

» 3° Que des membres du Gouvernement même
se détacheront de la majorité et deviendront chefs
de parti ;

» 4° Qu'il y aura en province anarchie et guerre
civile ;

» 5° Que les barricades se relèveront à Paris

contre les enfants des barricades de février, et qu'il
y aura beaucoup de sang versé ;

» 6° Qu'une autre révolution doit s'accomplir en
France ;

» 7° Qu'enfin et plus tard nous aurons la guerre
avec l'étranger, et que....»

Tout ce que nous pûmes obtenir de M. Barthélemy de Saint-Hilaire, pressé de nous éconduire, ce
furent ces réponses évasives. — « Je verrai cela...
oui, nous verrons... j'en parlerai... on verra... et
je vous écrirai. »

Nous ignorons si cette note, qui contenait cependant des prédictions graves que le temps a justifiées,
fut communiquée, et si l'on parla, oui ou non, de
notre proposition ; mais nous attendîmes.... si
longtemps, que nous attendons encore la lettre
du chef du secrétariat.

Le 1ᵉʳ avril, nouvelle lettre au Préfet de police,
dans laquelle se trouvent ces trois passages :

« Je viens de rechef, monsieur le Préfet, rappeler votre souvenir et vous prier avec instance de
prendre lecture de la pièce ci-jointe. Il n'y a pas

un des faits y relatés qui ne soit de la plus grande exactitude et qui ne puisse être vérifié par une contre-épreuve. Cette lecture, je l'espère du moins, vous fera comprendre tout le parti qu'on pourrait tirer, dans l'intérêt général, des facultés si puissantes et si étranges d'une somnambule véritablement lucide. — J'appellerai votre attention sur ce fait qu'elle peut, une fois les rapports magnétiques établis, savoir ce qui se passe dans le cabinet le plus secret d'un chef de parti ; lire dans les pensées les plus intimes, et révéler tout le passé de la personne qu'elle étudie ; enfin dévoiler les sentiments et les intentions réelles des diplomates étrangers et de toute personne sur laquelle son attention est appelée. — Quelque inouïes que vous paraissent ces assertions, Monsieur le Préfet, elles sont l'expression d'une vérité qui s'offre à vous, et dont il vous est facile d'avoir la preuve. »

La préfecture de police fut sourde, comme l'avait été l'Hôtel-de-Ville. Nous n'en reçûmes aucune espèce de réponse.

Après un mois et demi d'attente, nous prîmes le parti d'écrire encore une fois, et nous adressâmes la lettre suivante :

A M. A. de Lamartine, membre de la Commission du pouvoir exécutif, représentant du peuple.

» Monsieur,

» Le 20 mars dernier j'ai eu l'honneur d'être reçu, sur ma demande, à l'Hôtel-de-Ville, par le chef du secrétariat, M. Saint-Hilaire, qui, en réponse à mes sollicitations, m'avait adressé, le 19, une lettre que j'ai entre les mains, et qui m'assignait une audience pour le lendemain.

» Mais ce n'était pas le chef du secrétariat que je désirais voir; c'était le membre du Gouvernement le plus généralement aimé, le plus populaire; c'était enfin le soleil qui, le 24 février, s'était levé sur la France; et il ne m'a point été donné, quelque tentative que j'aie faite, de pouvoir arriver jusqu'à lui, je veux dire jusqu'à vous.

» J'ignore si vous accordez quelque foi au magnétisme. Peu m'importe; c'est une vérité, c'est une science que toutes les incrédulités du monde et toutes les dénégations possibles ne sauraient empêcher d'être, d'exister. Comme j'étais mu par l'unique désir de rendre à ma patrie des services d'une nature spéciale, qui pourraient avoir une grande importance, je n'avais point à examiner si je m'adressais à des incrédules. J'ai voulu mettre à la disposition du Gouvernement, dont vous étiez le chef aux yeux du pays, les facultés de ma somnambule, facultés puissantes et incontestables, et je croyais faire acte de dévouement et de patriotisme, ne demandant rien en retour de mon offre.

» Je n'ai vu errer sur les lèvres de M. Saint-Hilaire qu'un sourire d'ironie lorsque je lui ai exposé l'objet de ma visite, et j'ai tout lieu de croire qu'il m'aura pris pour un *rêveur*, et qu'il ne vous aura peut-être point fait part de ma communication.

» Quoi qu'il en soit, veuillez lire le rapport que j'ai l'honneur de vous adresser; il ne contient que le récit véridique de faits que nous pouvons reproduire. Ces faits méritent quelque attention de la part d'un esprit supérieur, qui, comprenant mieux que le vulgaire la puissance du génie divin qui anime la nature humaine, doit mieux sentir qu'il n'y a de réputé impossible que ce qui jusqu'alors est resté inexpliqué.

» Peut-être, illustre poète, que je pourrais encore vous être de quelque utilité, par la Sibylle, quoique les évènements soient bien avancés !... L'avenir n'est pas, *à coup sûr*, tel que vous le voyez. Des lettres adressées à un de vos anciens amis lui ont révélé, dès le mois de mars 1848, des mystères auxquels il était alors bien éloigné d'ajouter foi, mais qu'il doit croire aujourd'hui. Interrogez-le sur l'avenir.

» Quel que soit l'accueil que vous fassiez à cette lettre, et quelle que soit votre opinion de mon caractère, je n'en serai pas moins, à mes propres yeux, un homme sérieux, ami de l'ordre bien compris, et qui se sent encore prêt à se dévouer pour sauver la popularité d'une des gloires de la France, qu'il voit à regret marcher à grands pas vers sa décadence !...

» Agréez, monsieur, etc.

» Paris, le 26 mai 1848. »

Après avoir annoncé au Gouvernement provisoire les évènements qui devaient s'accomplir sous son règne, c'était prédire assez clairement à M. de

Lamartine sa chute particulière. — Comme on le devine bien, le poète homme d'État ne tint non plus aucun compte de nos avertissements. Il eut cru peut-être rabaisser son génie en cherchant à connaître ce qu'il pouvait y avoir de vrai et d'utile dans les conseils et les prévisions d'une somnambule. Ce qu'il faut dire aussi, c'est qu'alors un poids énorme, une responsabilité immense pesaient sur M. de Lamartine et que les mille préoccupations qui se partageaient son esprit ne lui laissaient aucun loisir.

Les journées de juin arrivèrent, qui firent passer le pouvoir dans les mains du général Cavaignac. A peine était-on sorti de la consternation dans laquelle ces déplorables journées avaient plongé tous les cœurs, que nous écrivîmes à ce dernier une lettre *personnelle*, qui fut déposée par nos soins dans son cabinet, le 3 juillet. Voici cette lettre.

Au citoyen Cavaignac, général en chef des forces de la République, chef du Pouvoir exécutif, Président du Conseil des ministres.

« Citoyen président,

» J'ai tenté plusieurs fois, depuis le 24 février,

de faire accepter par le gouvernement de la République des services d'une nature particulière, que j'offrais avec le plus entier désintéressement. J'ai écrit à ce sujet plusieurs lettres qui sont restées sans réponse (ma dernière à M. de Lamartine est du 26 mai); et mes tentatives sont, par conséquent, restées sans résultat.

» J'ai vu notre belle France menacée de si grands malheurs, que j'avais résolu de m'adresser successivement à tous les hommes du pouvoir, dans le but de les initier aux secrets de l'avenir, afin d'en atténuer en partie la gravité. C'est pourquoi j'ai dû faire un nouvel effort auprès de vous, qui représentez le gouvernement actuel. Je viens donc, citoyen Président, mettre à votre disposition, pour le service de la patrie, les diverses facultés de ma somnambule (facultés dont vous pouvez, par la lecture du prospectus ci-joint, apprécier l'étendue et l'utilité), vous priant de m'honorer d'une courte audience, qui me permette de vous exposer en peu d'instants, mes idées à ce relatives.

» Si vous refusez aussi de m'entendre; si j'en suis réduit à déplorer l'indifférence et le mépris des hommes qui nous auront gouvernés, pour une science sublime, par laquelle la Providence permet aux hommes de soulever le voile de l'avenir pour y puiser d'utiles enseignements; j'aurai fait du moins tout ce que le devoir envers l'humanité et l'amour de la patrie commandent de générosité et de dévouement.

» Veuillez agréer mon salut fraternel.

» Paris, 3 juillet 1848. »

Si le dictateur de l'état de siége fut sourd à notre appel, comme l'avaient été les autres, nous n'en avions pas moins rempli tous les devoirs que, dans notre position, nous imposaient l'honneur, le dévouement, la générosité et le patriotisme.

Notre lettre au général Cavaignac a été la dernière tentative que nous ayons faite auprès de l'autorité, dans le but de faire accepter nos services par l'État. C'en était assez que de nous être adressé successivement à tous les hommes dont le passage au pouvoir s'était succédé si rapidement dans l'espace de huit mois. Nous avons dû penser que toute autre démarche aurait le même insuccès.

Voici un curieux document à ajouter aux pièces précédentes ; c'est un extrait d'une lettre que nous écrivions, le 18 avril 1848, à un personnage politique qui nous avait, quelques jours auparavant, consultés sur l'avenir de la France.

« ..... La République de la Montagne se perdra » par ses allures et par le manque d'hommes éner- » giques, conciliants et capables tout à la fois. On » lui reprochera des entraînements et des excès qui » soulèveront les provinces contre son autorité. De » nouvelles luttes s'établiront tant qu'un homme » résolu ne se présentera pas avec l'autorité d'un » nom et le prestige d'un souvenir de gloire. Mais » le nom magique de NAPOLÉON nous arrivera de » toutes parts, et l'héritier de la famille impériale » viendra prendre la direction du gouvernement...

» Toutefois ce prince, appelé par le peuple, qui » croira mettre ainsi un terme à ses souffrances,

» nécessaires pour prési- » der longtemps aux destinées de la patrie. Bien-

» tôt les puissances du Nord viendront déclarer la
» guerre à son gouvernement... .... Alors de
» nouveaux malheurs, de nouvelles calamités vien-
» dront remettre tout en question et faire couler le
» sang des peuples. »

Cette pièce, dont un passage essentiel a été reproduit le 19 juillet dans une lettre que nous adres-
sions à M. A. P..., maire de la ville de***, lettre
de laquelle nous pourrions montrer un accusé de
réception, portant le timbre de la poste du 27
juillet, prouve de la manière la plus formelle, que
le choix du Président de la République était annoncé huit mois à l'avance.

La première partie de cette prédiction a été
vraie ; tous les amis de l'ordre, du repos public et
des libertés feront des vœux pour que la Sibylle
ait fait erreur quant à la seconde. — Attendons :
qui vivra verra.

Arrêtons-nous enfin ; car que faut-il de plus
pour prouver qu'une somnambule bien lucide peut
déduire des songes certaines prédictions qui inté-
ressent l'ordre social et l'ordre politique ? Quand

nous ferions entrer dans ce chapitre un plus grand nombre d'exemples, ils seraient inutiles pour le croyant comme pour l'incrédule : celui-là parce que sa raison le guide ; celui-ci parce que son entêtement ne connaît point de limites.

Mais que nous importe à nous l'orgueil insensé des parvenus aux sommités sociales, et l'aveuglement qui leur fait préférer les conseils intéressés et pervers des ambitieux qui les entourent, aux sages avertissements que le ciel leur envoie. Chacun de nous, ici-bas, a reçu une mission qu'il doit remplir, sans se préoccuper d'autre chose que de l'accomplissement des desseins de Dieu ! Or, la nature a mis entre nos mains une organisation faite pour recevoir ses inspirations sublimes, c'est pour nous une obligation sacrée que de les transmettre au monde ; et nous ne faillirons point à ce devoir, malgré l'incrédulité et le dédain de ces prétendus grands hommes qui n'ont foi qu'en eux-mêmes, et chez lesquels le doute passé en habitude va jusqu'à nier la Providence en attribuant ses œuvres immortelles à l'aveugle hasard.

CHAPITRE VI.

Résumé et conclusion.

Oui, l'influence magnétique, toute indéfinissable qu'elle est, est une vérité connue dès les temps les plus reculés, et qui se popularise chaque jour davantage, malgré les efforts de certaines gens à la combattre.

Oui, il y a des organisations, en petite quantité il est vrai, qui s'y montrent très sensibles; tandis que d'autres, et c'est le plus grand nombre, n'en paraissent que peu ou point susceptibles.

Oui, la magnétisation vraie, dégagée du charlatanisme dont on l'entoure trop souvent, peut exercer sur nos sens et sur nos organes matériels des effets appréciables, tout aussi incontestables que le sont ceux de la lumière, du son, de l'aimant, de l'électricité, etc.

Oui, l'agent magnétique, administré sérieusement, par une personne animée d'intentions bienveillantes, jouit d'une propriété curative spéciale, agissant principalement sur le système nerveux.

Oui, une personne douée d'une certaine force morale, peut, *avec son consentement*, en plonger une autre dans un état particulier d'exaltation nerveuse, improprement appelé *sommeil*, et durant lequel se développent d'une manière prodigieuse les facultés morales et intellectuelles, notamment le sens interne de l'intuition, pourvu que cette personne soit du petit nombre de celles dont le tempéramment nerveux prédispose à subir l'influence magnétique.

Oui, il est vrai que quelques-uns, mais quelques-uns seulement, des sujets susceptibles de l'action magnétique, peuvent acquérir, par l'exaltation nerveuse, une puissance de sensibilité si grande, qu'il leur est possible de voir ou de sentir, et quelquefois à de grandes distances, les souffrances physiques, les affections morales, les pensées intimes, les sentiments secrets, etc., des personnes sur lesquelles on appelle leur attention.

Mais, ce qu'il est vrai de dire aussi, c'est que la

plupart des sujets qui se donnent comme somnambules (et il en éclot aujourd'hui dans toutes les loges de portier) ne l'ont jamais été un seul instant ; qu'ils n'ont jamais éprouvé de leur vie le *côma*, ou sommeil magnétique, pendant lequel le patient perd totalement la conscience de ce qui se passe autour de lui ; que jamais leur système nerveux n'est entré dans cet état de surexcitation qui décuple les facultés intellectuelles et développe un sens interne d'une nature inappréciable ; que dépourvus de ce sens et des inspirations naturelles qui donnent aux véritables somnambules une admirable exactitude de déduction, une puissance de perception et de jugement infaillible, ils ne réussissent qu'à force *d'adresse*, de *rouerie* à persuader aux gens faciles leur prétendue lucidité, et qu'enfin nombre de magnétiseurs enthousiastes et de bonne foi ont été, toute leur vie, dupés par d'habiles champions, ou par de fines commères, qui, aux dépens de la vérité et à la honte de la science, ont constamment exploité leur crédulité, en basant sur leur bonhomie le succès de leur supercherie, de leur effronterie, de leur impudence.

C'est, hélas ! à ces causes, beaucoup plus fréquentes qu'on ne se l'imagine ordinairement, qu'il faut s'en prendre de la lenteur avec laquelle se propagent le magnétisme et le somnambulisme. Le charlatanisme, la cupidité et le mensonge ne se sont-ils pas glissés partout, et n'ont-ils pas fait mainte victime!

Mais il n'en faut pas conclure que le magnétisme soit un mensonge, et la lucidité une chimère. La contrefaçon impuissate et jalouse n'a jamais su détruire ce qu'il y avait de vrai dans la science réelle ; non plus que les résultats négatifs n'ont pu infirmer ni détruire les faits positifs.

Nous avons déjà expliqué, pages 11 et 22, comment il peut se faire que les mêmes phénomènes ne se reproduisent pas avec une exactitude rigoureuse ; comment il peut dépendre de causes extérieures et souvent inconnues qu'une expérience, avec le meilleur sujet, manque en totalité ou en partie. C'est cette intermittence dans la vision, ce sont ces lacunes dans la clairvoyance que l'on a de tout temps invoquées contre la science elle-même. On voudrait une reproduction exacte, compassée, mathématique des mêmes résultats, en disant que si le magnétisme peut donner la lucidité au sujet par la volonté du magnétiseur, il doit suffire à ce dernier de *le vouloir* pour que le sujet ait invariablement la même lucidité lorsqu'il est placé sous son influence.

C'est là un raisonnement injuste, qui n'a pas même le mérite d'être spécieux, et qu'emploient ordinairement les gens de mauvaise foi. Qui ne sait qu'il est des jours où l'on se sent mieux disposé au travail ? Quel est l'artiste qui n'a pas remarqué que certaines heures, certaines conditions lui étaient plus favorables pour l'exécution de ses conceptions ? Quel est l'écrivain qui ne s'est pas senti inspiré parfois de riches pensées, qu'il émettait avec facilité, tandis qu'en d'autres moments il se creusait inutilement le cerveau pour y chercher des idées et des expressions ? Le somnambule ne cesse point d'être homme, et par cela même d'être soumis à tous les inconvénients inhérents à sa nature. L'esprit n'est point assez complètement dégagé du corps pour qu'il ne se ressente des indispositions de ses organes matériels.

N'y a-t-il pas encore une foule d'autres causes

qui peuvent agir sur cet organisme éminemment sensitif et impressionnable ? Dès lors que l'action et les effets magnétiques sont prouvés, il faut admettre, comme conséquence forcée, l'influence d'une volonté, d'un esprit sur un autre ; il faut admettre, par suite, l'identification du sujet avec la personne qu'il étudie. Il s'impressionne de ses impressions, se convainc de sa conviction, s'alarme de ses craintes, s'égaie de ses joies, etc. Si cette personne a une foi illimitée en sa lucidité, cette confiance le gagne, il est sûr de lui, il fait des merveilles; si au contraire elle est d'une incrédulité outrée, le doute passe dans son esprit, il n'a plus confiance en lui, ses moyens sont paralysés, il ne voit plus, il devient incapable. Si cette personne est animée du désir de lui être utile, de faciliter son travail, de lui paraître bonne et affectueuse, ces sentiments entrent dans son cœur, il l'aime d'une affection vive et sincère, le travail lui plaît, parce qu'une étroite sympathie l'enchaîne et qu'il veut satisfaire cette personne dont il distingue si bien les bonnes qualités; si, au contraire, on s'est présenté avec une sorte de dédain, avec une suspicion sans fondement, avec l'intention de lui faire subir une épreuve en cherchant à le

dérouter, il sent ces dispositions hostiles, les ana-
lyse, conçoit une antipathie profonde, et aban-
donne son travail pour ne se préoccuper que de la
pensée malveillante dont il est l'objet.

Il suit de de ce qui précède que le plus ou le moins
de succès d'une consultation somnambulique dépend
beaucoup des dispositions d'esprit avec lesquelles
le consultant se présente ; qu'elle lui est profitable
généralement en proportion des bonnes intentions
dont il est animé ; et qu'en cas de réussite impar-
faite, c'est le plus ordinairement à son scepticisme
et à ses sentimens opposés qu'il doit s'en prendre
du peu de satisfaction qu'il reçoit.

Nous avons dit aussi, pages 14 et 17, que la
puissance d'extension merveilleuse dont jouit la
SIBYLLE MODERNE, lui permet de voir et de sentir de
loin comme de près, les affections morales ou physiques des personnes avec lesquelles elle peut entrer
en rapport magnétique, et de donner des consultations par correspondance, sur des cheveux ou au
moyen de tout autre objet pouvant servir à l'établissement de ce rapport. Nous pouvons prouver,
en effet, qu'elle en envoie non-seulement en France,

mais en Angleterre, en Espagne, en Suisse, en Pologne, en Russie, dans toute l'Europe.

Pour ne point multiplier indéfiniment les citations, nous rapporterons un seul exemple qui prouve jusqu'à quel point peut aller la précision somnambulique, dans l'étude de ces affections à distance.

Le 12 de ce mois (mars 1849), nous recevions d'une personne inconnue, avec notre correspondance ordinaire, une lettre, contenant une mèche de cheveux avec ces huit questions.

« Y a-t-il longtemps que je suis malade? — Quel
» est le genre de ma maladie? — Qu'est-ce que je
» ressens? — Quels sont les symptômes les plus
» douloureux? — Quelles peuvent en être les cau
» ses? — Ma maladie sera-t-elle longue? — Sera-
» t-elle mortelle, et si oui, dans combien de temps?
» — Quel traitement conviendrait-il de suivre? »

Quelques jours après, nous envoyions au signataire une consultation écrite, dont il nous accusa réception par une lettre portant le timbre de la poste de Nantes, du 20 mars, ainsi conçue :

Nantes , le 18 mars 1849.

« Monsieur,

» Hier soir je vous écrivais pour savoir la cause
» du retard de la réponse à ma lettre du 10, lors-
» que la vôtre m'est arrivée.

» Je vous avouerai , Monsieur, que j'ai été on ne
» peut plus surpris de la manière exacte avec la-
» quelle vous m'avez détaillé toute ma maladie.
» Toutes les souffrances que je ressens sont, j'ose
» le dire, admirablement dépeintes, et ce que j'ai
» lu a dépassé de beaucoup les réponses que j'at-
» tendais de vous.

» Je vous affirme que j'ai consulté plusieurs mé-
» decins célèbres de notre ville , et qu'aucun d'eux
» n'a saisi si parfaitement ma maladie, malgré les
» détails que je leur faisais de mes souffrances.

» Plein d'espoir dans le traitement qui m'est
» prescrit, etc. »

Signé G^{ve} RICHARD, quai Richebourg, n° 5, à Nantes.

De même qu'il n'y a point de pires sourds que
ceux qui ne veulent pas entendre , et de pires aveu-
gles que ceux qui ne veulent pas voir, il n'y a point

non plus de pires incrédules que ceux qui ne veulent pas être convaincus. Il nous semble donc vous voir, incorrigibles esprits forts, faire, le sourire de l'ironie sur les lèvres, la lecture de ces faits et des honorables attestations jointes à l'appui ; car, pour vous, il n'y a de vrai que ce que vous dites ; de certain, que ce que vous affirmez ; et de sacré, que votre parole et votre nom.

Sans doute, il est plus simple de nier des faits inexplicables que d'en rechercher péniblement les causes ; plus expéditif de repousser une science, pour ainsi dire insaisissable, que d'en étudier les principes ; plus facile enfin de persévérer dans une systématique ignorance, que de s'éclairer sur des phénomènes dont on ne saurait reconnaître l'existence sans froisser sa propre vanité, et sans condamner tout un passé de dénégations, d'opposition et de blasphême ! Mais sachez donc mieux vous connaître, orgueilleux pygmées, qui, dans l'impuissance où vous êtes de vous élever jusqu'aux vues de la Providence, voudriez rabaisser la nature pour la mesurer à votre néant. Levez les yeux vers cette immensité que notre regard contemple, et qui confond votre orgueil, et dites-nous, sans hypothèse contestable qui montre la faiblesse de votre esprit, quelles immuables lois régissent la marche de l'Univers, quelle invisible main a lancé tous ces corps dans l'espace, quelle puissance infinie a tracé le cercle de leurs révolutions , quel ordre admirable a présidé à leur merveilleuse distribution !

Mais sans aller chercher dans des régions si élevées les preuves de votre présomption et de votre impuissance, expliquez-nous simplement les mystères au milieu desquels nous vivons. Dites-nous ce que c'est que la lumière, le son, l'aimant, l'électricité? Expliquez-nous d'une manière satisfaisante les attractions et répulsions, les sympathies et les antipathies dont nous avons des preuves chaque jour. Vous, illustres savants, qui voulez tout expliquer et qui niez l'influence magnétique uniquement parce qu'elle n'est pas explicable pour vous, apprenez-nous d'après quelle loi la puissance d'un regard peut suffire pour jeter dans le cœur le germe d'un amour passionné, d'une jalousie effrénée, d'une haine implacable et de tant d'autres passions si diverses ! Vous pour qui la science n'a plus de secrets, initiez-nous à un curieux phénomène : dites-nous pourquoi le voisinage d'un courant galvanique, par exemple, fait dévier l'aiguille aimantée jusqu'au point d'en changer les pôles ?

Quelle est donc, selon vous, cette influence qui s'exerce ainsi à distance entre des corps inanimés, dépourvus de cette sensibilité délicate qui distingue l'homme ? Et si un corps invisible et impondérable peut exercer une certaine action sur un autre corps inerte, pourquoi l'homme n'en pourrait-il exercer une sur son semblable, puisqu'il est doué d'un principe de vie, principe spirituel, également insaisissable, mais qui sert de moteur à tout son organisme, c'est-à-dire à la machine la plus parfaite, comme aussi la plus compliquée ?

Expliquez donc ce que c'est que la fascination, si ce n'est un effet magnétique, et trouvez ailleurs que dans une influence occulte la cause de cette puissance par laquelle les fameux dompteurs d'animaux rendent timides et dévouées les bêtes les plus féroces. Que fait l'oiseau de proie qui, battant l'air de ses ailes au-dessus de sa victime, l'engourdit et l'endort pour arriver plus sûrement à la saisir ? Et le serpent lui-même n'exerce-t-il pas sur les oiseaux qui l'aprochent une attraction magnétique assez frappante, en forçant l'innocente créature à descendre de branche en brance jusqu'à la portée du reptile auquelle elle sert de nourriture ?

Cessez, cessez, esprits forts et savants orgueilleux, de blasphémer une science qui n'est point à la portée de votre jugement, et dont vous redoutez la clarté, peut-être. Admirez les liens spirituels qui rattachent l'homme à la divinité, mais n'espérez point de pénétrer jamais tous les secrets de la nature; car elle a posé des limites au delà desquelles il n'est pas donné à l'esprit humain de pénétrer. Le pauvre, sous ses haillons, ne nie point la chaleur bienfaisante du soleil, faute d'en connaître la cause; il y réchauffe ses membres glacés. Le pilote à son gouvernail ne rejette pas l'usage de la boussole, faute de s'en expliquer les effets; il s'en sert comme d'un guide certain pour traverser les mers.

Imitons en tout leur sagesse; éclairons-nous par une étude approfondie du magnétisme, et servons-nous du somnambulisme, comme d'un flambeau divin, pour nous diriger dans le chemin de la vie si ténébreux et si difficile.

FIN.